江苏主要农田入侵植物

编著 李 亚 管永祥 等

东南大学出版社
SOUTHEAST UNIVERSITY PRESS
·南京·

内 容 提 要

入侵植物是指那些来源于本地植物区系以外,并对入侵地造成危害的外来植物,是威胁生物多样性的三大元凶之一。其中农田外来入侵植物除了直接威胁农作物生长、导致减产和增加防治费用以外,还可能与近缘农作物及其种质资源杂交,导致基因污染,增加杂草化的程度,从而给农业发展带来更深远的影响。

江苏省地处长江三角洲地区,水陆交通便利、对外交流频繁、农业生产历史悠久,通过各种途径引入的外来植物较多,其中很多种已经成为农田入侵植物,如水花生、胜红蓟等。认识、了解这些入侵植物,掌握其发生发展规律,有利于农田入侵植物的防治和清除,因此我们组织编写了本书。

本书收录了江苏地区常见的农田入侵植物,对每种植物的基本形态特点、在江苏的主要发生区域等都给出了具体的描述,并附有图片,可供从事农业生产、管理的一线人员参考。

图书在版编目(CIP)数据

江苏主要农田入侵植物/李亚,管永祥等编著. —南
京:东南大学出版社,2015.11
ISBN 978-7-5641-6057-9

Ⅰ.①江… Ⅱ.①李…②管… Ⅲ.①农田—植
物—
侵入种—研究—江苏省 Ⅳ.①S45

中国版本图书馆 CIP 数据核字(2015)第 242257 号

江苏主要农田入侵植物

编　著	李　亚　管永祥　等	电　话	(025)83795627/83362442(传真)
责任编辑	陈　跃	电子邮件	chenyue58@sohu.com

出版发行	东南大学出版社	出版人	江建中
地　址	南京市四牌楼 2 号	邮　编	210096
销售电话	(025)83794121/83795801		
网　址	http://www.seupress.com	电子邮箱	press@seupress.com

经　销	全国各地新华书店	印　刷	南京海兴印务有限公司
开　本	889 mm×1 194 mm　1/16	印　张	5.5
字　数	207 千		
版印次	2015 年 11 月第 1 版　2015 年 11 月第 1 次印刷		
书　号	ISBN 978-7-5641-6057-9		
定　价	46.00 元		

编 写 人 员

李　亚：江苏省中国科学院植物研究所

管永祥：江苏省农业环境监测与保护站

汪　庆：江苏省中国科学院植物研究所

梁永红：江苏省农业环境监测与保护站

姚　淦：江苏省中国科学院植物研究所

白延飞：江苏省农业环境监测与保护站

邱　丹：江苏省农业环境监测与保护站

杨如同：江苏省中国科学院植物研究所

王　鹏：江苏省中国科学院植物研究所

李林芳：江苏省中国科学院植物研究所

王海芹：江苏省农业环境监测与保护站

沈建宁：江苏省农业环境监测与保护站

尹增芳：南京林业大学

王淑安：江苏省中国科学院植物研究所

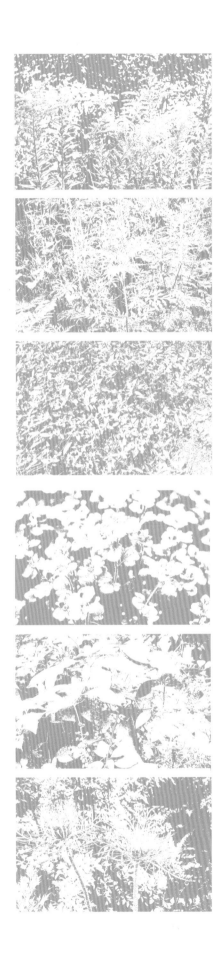

序 言

　　江苏省是我国植物资源相对贫乏的省份,有目的地、科学地引种外来植物是对其物种资源的重要补充措施之一,在农业及其相关产业的发展以及美化、香化人居环境和提高人民生活水平等方面都发挥了重要的作用。据统计,江苏省人为引进栽培的植物种类将近300种,其中观赏植物约130种,蔬菜约50种,林木约35种。其中如玉米、马铃薯、杨树等都是国外植物引种驯化的结果。

　　然而,由于江苏省历来就是农业文明高度发达和人为开发程度很高的地区之一,自然生态系统已经支离破碎,给物种入侵提供了很大方便,在中国公布的第一批21种入侵植物中,有11种在江苏省内已有分布,且其中有10种已经表现出明显的入侵危害。因此,在引种外来物种的同时,要注意外来物种的管理和防治,对入侵种的危害要给予足够的重视。

　　近年来,江苏非常重视外来入侵生物尤其是入侵植物的防治工作,各级农业管理和生态监测部门在外来入侵植物防治方面开展了大量卓有成效的工作,每年都定期组织如对加拿大一枝黄花清除等专项防治工作,取得了一定的经验和成绩。

　　但整体看来,广大的农村地区对外来植物入侵危害的认识还不到位,入侵种防治的知识储备还不够丰富,防治的技术手段还比较缺乏,所有这些都影响到全省外来入侵植物防治工作取得切实成效。因此,江苏省农业环境监测与保护站会同江苏省中国科学院植物研究所编制的这本小册子就具备了特别的意义，希望她的出版发行能够帮助广大农民朋友认识这些有害植物，并掌握防治它们的初步方法，也希望她能够帮助全省基层农业环境监测与保护单位更好地开展这方面的工作。

是为序。

编　者

2015 年 11 月

前 言

外来物种是指从其原生地,经自然或人为途径,在另一个环境栽培、定居、繁殖或扩散的生物种类。其中大部分是人为地、有目的地引种,如早在公元前 126 年张骞出使西域带回葡萄(*Vitis vinifera*)、紫苜蓿(*Medicago sativa*)、石榴(*Punica granatum*)、红花(*Carthamus inctorius*)等经济植物的种子;16~17 世纪从美洲辗转引入我国的玉米(*Zea mays* L.)、马铃薯(*Solanum tuberosum* L.)、烟草(*Nicotiana tabacum*)等重要的经济作物;再如近年来江苏省中国科学院植物研究所(南京中山植物园)引种自美国的黑莓、蓝浆果等已经在南京开花结果,成为溧水的支柱产业。有些外来物种已经能够自然繁衍、大规模扩散,威胁到迁移地的乡土种和生态系统,并带来一定的经济、生态危害,这部分生物被称为入侵种,一般是指跨国传播的有害的生物种类。生物入侵已经被列为世界三大主要环境危害之一。

由于缺乏对外来种危害监测的详细数据,在对外来种是否构成入侵的问题上存在很多疑问,有关外来物种的许多概念也需要规范和澄清。为了使读者更容易理解,有必要先区分几个相关的概念。一般认为外来物种转化为入侵种要经历引入、定居、建群、扩散和爆发等环节,Williamson(1996)进一步将这些环节划分为三次转移:第一次转移是从进口到引入,称为逃逸;第二次转移是从引入到建立种群,称为建群;第三次转移是从建群到变成经济上、环境上有副作用的生物(即入侵种)。外来种相应地可以划分为栽培种、逃逸种、归化种和入侵种四类,其关系图示如下图所示。

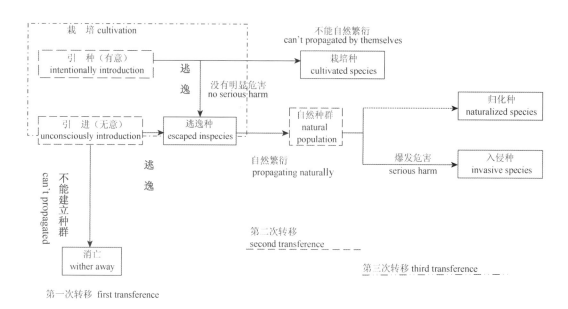

图　栽培种、逃逸种、归化种和入侵种的划分及其之间的关系

当然,由于对危害大小、野外滞留时间的不同理解,在具体确定一个种是逃逸种、归化种还是入侵种时,往往比较困难。一般认为,对于无意引入的外来物种发展而成的偶见种群和有意引种的逃逸种群,外来物种在建立种群之前都有一个少数个体野外"落脚"定植的过程,在这个阶段,逃逸个体定居并能够完成生活史是其建立种群的必要条件。实际上,这些个体面临恶劣气候、天敌的捕食或者寄生、相同或相似生态位乡土种的竞争等,经过一段时间大都被淘汰,最终只有少数个体能够成功建立种群。这些逃逸种群或偶见种群内个体数量少、遗传多样性低,由此产生的近交衰退等常限制种群的进一步增长,降低种群成活的概率,能够成功扩大的概率依然很小,因此,被认为是生物入侵过程中的瓶颈时期。如果这些种类来源于有意引种的栽培植物而且年限不长,称之为栽

培逃逸种,如果这些植物已经在野外生存多年,仍没有爆发危害,则称之为归化种(包括那些无意引入的植物)。只有那些经过潜伏-变异-适应的种群才有机会扩大为常见种群并最终定居下来,这个过程可能在任一阶段终止,只有到第三阶段才算是成功定居,而只有那些对环境和经济构成危害的常见种群才构成入侵。

根据江苏省中国科学院植物研究所对大田等野外栽培的引种植物和已经逃逸到野外并建立种群的无意引进植物调查(不包括那些在植物园、种质圃、引种圃以及温室等保护地隔离种植的引种材料),江苏有外来种子植物 396 种。其中,以有意引种的经济植物为主,有 361 种,包括了玉米、高粱(*Sorghum vulgare* Pers.)、甘薯[*Ipomoea batatas*(L.)Lam.]等粮食作物 10 种,花生(*Arachis hypogaea* Linn.)、向日葵(*Helianthus annuus* Linn.)等油料作物 4 种,番茄(*Lycopersicon esculentum* Mill.)、萝卜(*Raphanus sativus* Linn.)、葱(*Allium fistulosum* Linn.)等蔬菜作物 44 种,杨树(*Populus canadensis* Maench.)、多种松柏类林木等 34 种,尤其是观赏植物包括了菊科、蔷薇科等合计 133 种,是外来种子植物中最多的,其他如牧草、水果、工业原料植物和药用植物等也都有部分种类为外来物种。这些植物中有 55 种逃逸为野生状态,但尚不构成对自然和经济上的威胁或威胁很小,有 22 种长期与当地生态系统协同进化,已经转为归化种,成为当地自然或人工生态系统的一部分。在所有这些外来种子植物中,已经表现出明显危害的外来入侵种有 39 种。

这 39 种入侵植物均是草本,主要来自美洲、欧洲。其中有些种类因为危害面积大,直接影响到人类活动、人类健康或比较容易引人注意,而为人们所熟知,如阻塞航道的空心莲子草

［*Alternanthera philoxeroides*（Mart.）Griseb.］、凤眼蓝［*Eichhornia crassipes*（Mart.）Solme］，引发枯草热的豚草（*Ambrosia artemisiifolia* Linn.），观赏性较强的加拿大一枝黄花以及在海岸带大面积生长的大米草（*Spartina anglica* C. E. Hubb.）、互花米草（*Spartina alterniflora* Lois.）等。还有很多种类发生面积较大，但由于还没有直接影响到人类本身，不太容易引起人们注意或者生长季节较短等原因还没有引起人们的广泛重视，如小飞蓬［*Conyza canadensis*（L.）Cronq.］、一年蓬［*Erigeron annuus*（L.）Pers.］、婆婆纳（*Veronica polita* Fires）等，由于其侵占性强，覆盖度高，在其生长期间和侵占地内很难见到其他植物生长。

为了让更多的人认识、了解入侵植物及其危害，掌握入侵植物防治的基本方法，江苏省农委组织编写了此书。根据入侵植物发生的范围、危害大小以及最新的调查资料，书中收录了近年来在江苏境内发生的主要入侵植物 33 种，内容包括形态特征、在江苏的主要分布区域、主要入侵特性和危害等。实际上，大部分入侵植物也具有一定的经济和利用价值，这也是为什么人为引种是造成植物入侵的主要原因，因此入侵植物的用途也在书中一并收录。编者希望此书的出版对于我省农业环境保护事业，主要是入侵植物的防治能有所帮助。

编　者

2015 年 11 月

目　录

草胡椒
Peperomia pellucida（Linn.）Kunth

科： 胡椒科

属： 草胡椒属

 形态特征

　　一年生肉质草本，高 20～40 cm。茎直立或斜生，有分枝，淡绿色，光滑无毛。单叶互生，膜质，半透明，宽卵形或卵状心形，长宽各 1～3.5 cm，先端渐尖或圆钝，基部心形，全缘，两面无毛，基出脉 5～7 条，网状脉不明显；叶柄长 1～2 cm，无毛。穗状花序直立，单生于茎顶端或与叶对生，花小，无花被，两性，着生于花序轴凹陷处；苞片近圆形，有短柄；雄蕊 2，花丝短，花药近球形，花柱 1，被柔毛。小坚果球形，直径约 0.5 mm，常部分包藏于果序轴凹陷处。花果期 6～9 月。

 分布

　　原产美洲热带，现广泛分布于全球热带和亚热带地区。20 世纪初在香港地区已有分布,并成为杂草,随着种子、苗木和盆花植物的引种栽培,草胡椒从南向北逐步扩散,香港、澳门、海南、广东、广西、云南、福建已有分布,并已归化。江苏省大约在 20 世纪 70～80 年代首先在无锡采集到标本,2000 年后在南京紫金山地区已有发现。多生于林下阴湿处或路边草丛中。

 ## 入侵特性

草胡椒以种子繁殖为主,亦可营养繁殖。从种子萌发到下一代种子成熟的整个生活史只需要 60 天,种子萌发需 4～24 天,开花后 7 天结籽,再 7 天种子成熟。草胡椒喜欢生于温暖湿润、疏松有机质丰富的土壤中,危害较小。

 ## 主要危害

草胡椒在适宜的环境中往往容易成片生长,形成单一优势群落,影响本地植物生长,破坏生物多样性;入侵草坪,影响景观效果。

 ## 防治方法

小面积入侵可在开花前人工铲除,或用茎叶除草剂喷洒,效果较好。

 ## 用途

全草药用,有散瘀止痛、清热燥湿的功效。常用于跌打损伤、烧伤等症。在巴西民间用于治疗脓肿、疔疮、结膜炎等症。菲律宾人用以防治关节炎和高尿酸血症。在东南亚亦作蔬菜,既可小炒,亦可烧汤,口感清脆润滑,淡香微甜。

竹节水松
Cabomba caroliniana A.Gray

科：莼菜科
属：水盾草属
别名：水盾草

 形态特征

多年生水生草本。茎绿色,长达 1.5 m,多分枝,幼嫩部分被短柔毛。叶二型,沉水叶对生,叶片膜质,扇形,长 2.5～3.5 cm,掌状分裂,裂片三至四回二叉分裂,最后裂片线性;浮水叶少数,通常在花枝顶端互生,叶片狭椭圆形,盾状着生,长 1～1.6 cm,宽 1.5～2.5 mm,全缘或基部 2 浅裂;叶柄长 1～2.5 cm。花单生于枝上部沉水叶或浮水叶叶腋,花梗长 1～1.5 cm,被短柔毛;萼片 3,椭圆形,淡绿色,无毛;花瓣 3,绿白色,与萼片近等大,基部具爪,近基部有 1 对黄色腺体;雄蕊 6,离生,子房上位,1 室。蓇葖果不开裂。花期 10 月。

 分布

原产美洲东北与东南的热带和温带地区。由于其雅致美观的沉水叶,常被作为水族馆、水族箱观赏植物。1993年首次在我国浙江省宁波市莫枝镇发现。1998年在我省苏州太湖乡附近出现,而后迅速扩展到苏南、南京、苏北里下河等地的沟渠、运河和湖泊中。

 入侵特性

水盾草在我国通常开花不结实,主要以带沉水叶的断枝进行繁殖和扩散,其生物量最高变幅(在秋季)可达50倍,快速扩散,很快成为群落中的优势种,影响到原水体群落的结构和功能。对水体环境的适应性及其顽强的生命力,使其在水质差异较大的情况下,均能生长良好甚至极好。

 主要危害

据国外资料报道,水盾草的大量繁殖造成航道和灌溉系统堵塞,使水库和池塘水面上升,引起水渗漏,而使贮水量减少,湖泊和水库的景观遭受破坏;其与本地生物争夺营养、光照、空间,降低水体含氧量,造成水体的二次污染,生物多样性减少,改变水体生态系统。

在原产地美国,除了佛罗里达州等几个东南部的州外,其他包括东北部各州均作为外来种进行防治。佛罗里达州已将水盾草列入19种禁止被运送、引入、培养、采集和出售的物种之一。它已导致很多州的航运和渠道灌溉堵塞、水库和池塘水平面上升造成的渗漏增加、水库美学功能下降、水体二次污染等。在巴拿马,水盾草有堵塞巴拿马运河的趋势。在澳大利亚,水盾草有大规模取代本土水生植物的趋势,并已改变本土鱼类和无脊椎动物种群,带来了生物多样性的丧失和生态系统功能的破坏。

 防治方法

水盾草在个别地区已成为群落的优势种,有些地区刚刚定居,还有些地区仍然处于零星分布状态,因此,我们必须加强对水盾草的管理。具体方法如下:

经常用人工或者机械方法清除河道、湖泊中的水盾草。由于水盾草对脱水非常敏感,亦可用断水、晒干河床来防除。养殖草食性鱼类也有一定效果。

 用途

水培观赏,常用作水族箱、水族馆观赏植物。

垂序商陆
Phytolacca americana Linn.

科：商陆科

属：商陆属

别名：美洲商陆

 形态特征

多年生草本。高约 2 m,全株无毛。根肥大,倒圆锥形。茎直立,多分枝,通常带紫红色。单叶互生,薄纸质,椭圆状卵形或卵状披针形,长 15～30 cm,宽 3～8 cm,先端渐尖,基部楔形,全缘。总状花序顶生或叶腋生,纤细,长达 20 cm,花白色,稍带红晕,花被片 5,椭圆形或卵形,雄蕊 10,花丝白色,钻形,宿存,花药粉红色;心皮 10,连合,分离。果序下垂,浆果扁球形,多汁液,紫黑色。种子肾圆形,黑色,平滑。花期6～8月,果期8～10月。

 分布

原产北美洲,世界各地引种和归化。作为药用植物引入我国,1935 年在杭州采到标本。各地常栽作观赏植物,易逸生。种子常被食果动物特别是鸟类散布。有

6

时侵入天然生态系统中。全国大部分省区已有分布,常在道路边、林缘、荒地或家前屋后见到。江苏省各地均有生长。

 入侵特性

美洲商陆以有性繁殖为主,对环境要求不严,适应性强,结籽率高,每个花序可产200～500 粒种子,每株结实量可达 10 000 粒,果实色彩鲜艳,种子较小,鸟类喜食,易扩散;无性繁殖系数高,其肥大的根茎部分可产生 10～20 个根芽(根部萌蘖)。

 主要危害

1. 它生长迅速,植株强壮,枝叶繁茂,往往形成单一种的群落,排挤当地种群,影响生物多样性。

2. 它的根、茎、叶会产生化感物质,其提取液对小麦、莴苣、油菜等作物的发芽率有抑制作用,并对根长、苗高均产生低促高抑的影响。

3. 它的各个部分特别是根及未成熟果实对人及牛、马、羊、猪均有毒。果实和茎很容易被人误食。人食浆果可致泻。由于其根茎酷似人参,常被人误作人参服用,根粉对眼有强烈刺激,吸入者可引起鼻炎及头痛。局部应用美洲商陆浆汁或根的浓煎剂对皮肤有刺激作用。根可引起喷嚏,具有催吐及致泻作用,并有麻醉作用,引起中毒的成分为商陆碱及商陆毒素。

 防治方法

人工防治:美洲商陆在幼苗时连根拔起,晒干焚毁。这是目前最好的方法,对较大的植株在果实成熟前刈割,并挖根晒干焚毁。

 用途

1. 根供药用,有毒。有通便、泄水、散结的功效,常用于水肿、痈肿、恶疮等症。
2. 它的根对锰、锌、镉等重金属有超积累作用,有重金属污染土壤和水体的植物修复潜力。

土荆芥
Dysphania ambrosioides (L.) Mosyakin et Clemants

科：藜科

属：刺藜属

▶ **形态特征**

一年生或多年生草本，高达 1 m。全株被圆形腺体，具浓郁香味。茎多分枝，枝纤细，被柔毛。叶长圆状披针形或披针形，长达 15 cm，宽至 4 cm，边缘有钝锯齿或波状疏齿，背面有黄褐色腺点。花两性或雌性，常 3~5 个团集，组成穗状或圆锥花序，生于上部叶腋；苞片线状，绿色，花被裂片 5，卵形，绿色，雄蕊 5，伸出花被。胞果扁球形，包在宿存花被内。种子圆球形，横生或斜生，暗红色，平滑，有光泽，直径约0.7 mm。花果期夏秋之间。

▶ **分布**

原产中、南美洲；现广泛分布于全世界温带至热带地区。1864 年在我国台湾台北的淡水首次被采集,到 1912 年在香港已成为路边常见杂草。目前广西、广东、福建、台湾、江苏、浙江、江西、湖南、四川等省区有野生,喜生于村旁、路边、河岸等处。北方各地常有栽培。

 入侵特性

土荆芥以种子繁殖,结籽率高,种子在气温 15～20℃ 时,萌发率可达 85％～90％。土荆芥适应性强,对生长环境要求不严,在路边、田头、家前屋后、荒地均可见到。

 主要危害

1. 它在长江流域是杂草群落中的优势种或建群种,影响原有生态系统的功能,破坏了物种多样性。

2. 它易向环境释放的化感物质对小麦、油菜、上海青等作物有显著影响,可抑制其种子活力以及幼苗生长。

3. 它产生的花粉是人类花粉过敏症的一种过敏原,对人体健康有害。

4. 它富含挥发油,对人们的神经、消化系统有强烈的刺激作用,能损伤肾脏,毒害听觉神经和视觉神经,导致永久性耳聋、视力减退等症。

 防治方法

1. 在土荆芥个体数量不大的地区,采用人工拔除或铲除。

2. 在土荆芥花期前喷洒百草枯等除草剂效果较好。

 用途

带果穗的土荆芥全草供药用,有祛风、杀虫、通经、止痛的功效(土荆芥有剧烈刺激性,小儿较成人敏感,慎用;有肾、心及肝脏疾病或消化道溃疡者禁用)。

喜旱莲子草
Alternanthera philoxeroides（Mart.）Griseb.

科：苋科

属：莲子草属

别名：水花生、空心莲子草、东泽草

▶ **形态特征**

多年生草本。茎匍匐,中空,上部上升,长 1.5～2.5 m,分枝多,幼茎及节腋被白色疏生细柔毛,老时脱落。叶对生,全缘,长圆形、长圆状倒卵形或倒卵状披针形,长 2.5～5 cm,先端圆钝,有芒尖,基部渐窄,上表面无毛或有贴生毛,边缘有睫毛。头状花序单生于叶腋,花序梗长 2～6 cm,苞片白色,卵形,有 1 脉,花被片白色,长卵形,光滑无毛;雄蕊 5,花丝基部联合成杯状,花药 1 室,退化雄蕊舌状,顶端苏状;子房倒卵形,侧偏。胞果卵圆形,扁平,不裂,边缘具翅。种子卵形,种皮革质。花期 5～10 月。

▶ **分布**

原产巴西。20 世纪 30 年代末由侵华日军引种到我国,起先在上海市郊区栽培,

用作军马饲料;50年代,我国南方地区作为家畜牛、猪、羊的饲料加以推广,现已逸为野生,在各地扩展为恶性杂草。

 入侵特性

喜旱莲子草(水花生)是水陆两栖的多年生植物,抗逆性强,适应性广,繁殖系数大,生长速度快。以无性繁殖为主,其地下茎、匍匐茎和茎节均可繁殖,产生新植株。喜旱莲子草有发达的地下茎、匍匐茎。地下茎分布较深,仍有芽存在,亦会伸长出地面,产生新植株;匍匐茎节间可以反复生出幼芽,破土生长成新植株;其茎每一节间均有腋芽,断裂后便可产生新植株,且可随水漂流扩散。

 主要危害

1. 抑制排挤乡土植物,使群落单一化,降低生物多样性。

2. 堵塞航道,限制水流,影响航运和排灌。

3. 侵入农田,为蔬菜、番薯等作物田及柑橘园的主要害草。

4. 在水体中的植毡层上或者周边聚集大量生活废弃物,成为蚊蝇滋生地,既破坏景观,又危害人们的健康。

 防治方法

1. 结合耕地,挖除其根茎,晒干,焚烧。严重时,用机械割除,此方法不理想,耕地时易折断茎节,促成分株,加快蔓延传播。

2. 化学防治:使用整形素、水花生净、农达、草甘膦等除草剂,短期内对喜旱莲子草地上部分十分有效,但不能根除地下部分,很快又能生长起来。

3. 生物防治:释放从美国引进的莲草直胸跳甲,可控制其危害和蔓延,是对付喜旱莲子草的最佳选择。

 用途

1. 可作饲料。

2. 根或全草入药,有清热解毒的功效。

反枝苋

Amaranthus retroflexus Linn.

科：苋科

属：苋属

▶ 形态特征

一年生草本,高达 1 m,全株有短柔毛。幼茎近四棱形,老茎有明显的棱状突起,多分枝,有时有淡红色条纹。叶菱状卵形或椭圆状卵形,长 4～12 cm,宽 2～6 cm,先端尖或微凹,有小芒尖,基部楔形,全缘或波状,两面被毛,脉上尤密。花小,多花组成顶生穗状圆锥花序,直径 2～4 cm,顶生穗状花序长于侧生花序,苞片钻形,干膜质,透明,顶端针状,花被片 5,白色,薄膜质,中脉淡绿色,顶端凸尖。胞果小,扁圆形,盖裂,包藏于宿存花被内。种子小,黑色,光亮。花果期 6～10 月。

▶ 分布

原产热带美洲,现广布于世界各地。大约 19 世纪 30 年代引入我国,发现于河北和山东。目前我国大部分地区有分布,生于山坡、路旁、旷野、荒地、田边、沟旁、河岸,家前屋后等处。

入侵特性

反枝苋适应性强,生态幅宽,多种环境均能生长。以种子繁殖,种子产量高。

主要危害

1. 它易入侵农田、果园、菜园,往往与作物争水、争肥,影响作物产量和质量。

2. 它易入侵荒地,大量孳生,破坏群落结构,降低物种多样性。

3. 它易入侵公园草坪、花圃等地,影响景观。

4. 它对其他物种有化感作用。其幼苗根系分泌物能抑制作物种子的萌发及根长和苗高的生长,从而影响作物产量和质量。

5. 它的叶片在花前硝酸盐含量可达 30%,其茎枝也贮藏大量硝酸盐,牲畜过量食用会引起中毒。

防治方法

1. 加强检查检疫力度,对从反枝苋发生严重地区调入的作物种子进行严格的检验检疫或者禁止调入。

2. 苗期时,及时地进行人工锄草。

3. 花期前喷洒苯达松、阿特拉津、乙草胺等多种化学除草剂,效果较好。

用途

1. 它的嫩叶可作蔬菜或饲料。

2. 全草药用,可治腹泻、痢疾、痔疮肿痛出血等症;种子可作青箱子入药。

3. 种子富含赖氨酸、钙、磷、淀粉等,可加工食品或作食品添加剂。

刺苋

Amaranthus spinosus Linn.

科：苋科

属：苋属

▶ **形态特征**

一年生草本,高达 1 m。茎有时带红色,多分枝,下部光滑,上部稍被毛。叶菱状卵形或卵状披针形,长 3～12 cm,宽 1～5.5 cm,先端圆钝,有小凸尖,基部楔形,全缘,叶柄两侧各有 1 针刺,刺长 0.5～1.5 cm。单性或杂性,雌花簇生于叶腋,雄花絮顶生,呈穗状圆锥花序,部分苞片在腋生花簇及顶生花穗基部成尖刺,部分为窄披针形,花被片 5,绿色,具凸尖,边缘膜质透明。胞果长圆形,在中部以下不规则盖裂。种子近球形,黑色或带褐色,有光泽。花果期 5～10 月。

▶ **分布**

原产热带美洲,现南亚、东南亚、美洲广泛分布。我国约 19 世纪 30 年代在澳门地区发现,1857年在香港采到标本。现在我国长江流域以南及西南各地均有,并已野化。

 入侵特性

1. 它是以种子繁殖,产生的种子多,并且发芽率高。

2. 它生长旺盛,适应性强,喜光,不耐阴蔽,对土壤要求不严,在肥沃、疏松的土壤中生长良好。

 主要危害

1. 它的种子产量多,入侵旱作地、果园、菜园,与作物争水、争肥、争夺生长空间,影响作物产量和质量。

2. 具有较坚硬的针刺,易伤害人畜。

3. 对其他物种具有化感作用,会影响作物种子萌芽和幼苗生长。

 防治方法

1. 加强检查检疫力度,对从刺苋发生严重地区调入的作物种子进行严格的检验检疫或者禁止调入。

2. 在刺苋开花前拔除,减少刺苋种子的产生,降低刺苋发生数量。

3. 使用除草剂,如苯达松、阿特拉津、异噁唑草酮等,对刺苋有良好的杀灭效果。

 用途

1. 全草入药,有清热祛湿、凉血解毒、止痒的功效。

2. 可作猪饲料,即可青饲,也可晒干后冬季饲用。

3. 种子富含赖氨酸、钙、磷、淀粉等,可加工食品或作食品添加剂。嫩叶可作蔬菜。

长芒苋

Amaranthus palmeri S. Watson

科：苋科

属：苋属

▶ **形态特征**

一年生草本,高达 3 m。茎直立、粗壮,具纵棱,多分枝,黄绿色或浅红褐色,无毛或上部散生短柔毛。叶卵形至菱状卵形,长 5~8 cm,宽 2~4 cm,先端钝,急尖或微凹,常具小突尖,基部楔形,稍下延,全缘,两面无毛,侧脉每边 3~8 条。花单性,雌雄异株;穗状花序顶生或侧枝顶生,花期时密集,果期变疏枝,长达 60 cm,生叶腋者较短,呈短圆状至头状,苞片钻状披针形,长 4~6 mm,先端刺芒状,雌花苞片下半部具狭膜质边缘,雄花苞片下部的 1/3 具宽膜质边缘;花被片 5,极不等长,最外面的花被片较长,中肋较粗,先端延伸成芒尖;雄蕊 5,花柱 2(3)。果近球形,长 1.5~2 mm,果皮膜质,周裂,包藏于宿存的花被片内;种子近圆形,深红褐色,有光泽。花果期 7~10 月。

分布

原产美国西部至墨西哥北部。现扩散到欧洲、大洋洲及亚洲的日本,随着进口棉花、大豆、粮食及家禽饲料传入我国。1985 年 8 月首次发现于北京丰台南苑,2001 年 10 月采集到标本,2010 年,江苏亦见到长芒苋,在南京新港粮库周边采集到标本。

 入侵特性

长芒苋是一种有毒植物,以种子繁殖。单株结种子平均可达 11 万粒(最多的可达 38.7 万粒);种子成熟后,在温湿度条件适宜情况即可萌发。长芒苋适应性强,在各种场地、荒地、沟渠地、农田、铁路、公路、港口、垃圾场、仓库用地均可生长,尚未大面积扩散。

 主要危害

1. 植株高大,与农作物争肥、争水、争光、争生存空间的能力极强。

2. 生长旺盛,覆盖度大,能严重影响本土物种生存空间,容易形成单优群落,对生态环境和物种多样性产生破坏。

3. 植物体内含有硝酸盐,家畜家禽过量食用后易引起中毒。

4. 结籽量特别大,萌发的要求不高,有利于繁衍和扩散。

 防治方法

1. 趁其苗期未开花结实时,人工拔除或铲除,消灭它的有效种源。

2. 加强植物检疫工作,严格控制长芒苋种子随农副产品调运传入新的地区。

3. 化学防除,就是在长芒苋 2～3 叶期选用 72％ 2,4‑D 乳油 50 mL/亩(1 亩≒ 666 m², 下同);或 25％灭草枯水剂 200～300 mL/亩;或 24％克阔乐乳油 30～35 mL/亩;或 41％农达水剂 200 mL/亩,兑水 30～40 L/亩进行茎叶喷雾处理。

臭独行菜

Lepidium didymum Linn.

科：十字花科

属：独行菜属

别名：臭荠

▶ 形态特征

　　一年生或二年生匍匐草本。全株有臭味。主茎短而不明显,多分枝,被柔毛。叶为一至二回羽状分裂,裂片3～9对,线形或窄长圆形,长1～2 cm,先端尖,基部下延到叶轴,每边有1～3枚小裂片或全缘,两面无毛。总状花序腋生,长约4 cm,花序轴被柔毛,萼片长椭圆形,绿色,边缘白色膜质;花瓣白色,长圆形;雄蕊2～4。短角果肾形,两侧压扁,顶端微凹,果瓣有粗糙皱纹,成熟时自中央分离而不开裂,内有1种子。种子肾形,细小,红棕色。花果期3～5月。

分布

原产南美,现世界各地均有分布。我国在 20 世纪 30 年代前在江苏南部采集到标本,现在长江流域以南广泛分布;江苏南北各地均有,多生于路边、荒地、房前屋后、草坪、旱作物地、菜园、果园或茶园等。

 入侵特征

臭独行菜种子繁育后代,种子特别细小,当果实成熟后,由鸟类、鼠类及借助风力扩散到农田、草坪、果园、茶园、菜园。

 主要危害

臭独行菜是麦田、玉米等旱作物田地的杂草,也是生于人工草坪等园林区域的外来物种,与本地作物和其他物种争水争肥,影响作物生长,降低草坪的观赏价值。

 防治方法

1. 臭独行菜有种子细小、出土萌发的特征,因此,深翻耕地是有效防止其向农田扩散的方法,或是采用中耕除草的方法,亦可以防止其扩散。

2. 化学防除:可以采用对臭独行菜有敏感性的除草剂,如二甲四氯、莠去津、伴地农、润叶散等。

白车轴草

Trifolium repens Linn.

科：豆科

属：车轴草属

别名：白三叶

▶ **形态特征**

多年生草本。茎匍匐，无毛。掌状三出复叶；小叶倒卵形至近倒心脏形，长 1.2～2 cm，宽 1～1.5 cm，先端圆或凹陷，基部楔形，边缘具细锯齿，上面无毛，下面微有毛；几无小叶柄；托叶椭圆形，抱茎。花序呈头状，有长总花梗；萼筒状，萼齿三角形，较萼筒短，均有微毛；花冠白色或淡红色。荚果倒卵状矩形，长约 3 mm，包被于膜质、膨大、长约 1 cm 的萼内，含种子 2～4 粒；种子褐色，近圆形。花果期 5～10 月。

分布

原产欧洲和北美洲。作为牧草和绿化草种引入,在我国东北、华北、华东及西南都有引种栽培,江苏省各地栽培用作绿化。

入侵特征

根部分蘖能力及再生能力均强。分枝多,匍匐枝匍地生长,节间着地即可生根,并萌生新芽。具有耐践踏、扩展快及形成群落后与其他植物竞争能力较强等特点。

主要危害

该植物侵入禾本科草坪、旱作物农田、苗圃地等,一旦进入,难以去除。对局部地区的蔬菜、苗木生产有危害。对环境有很强的适应性,具有发达的匍匐茎。虽然目前没有造成大面积危害,但如果不注意控制将会像空心莲子草一样成为一种恶性杂草。

用途

1. 叶色花色美观、绿色期较长,种植和养护成本低,落土的种子具有较强的自播繁殖能力,是优良的绿化观赏草坪种类。

2. 适口性优良,消化率高,为各种畜禽所喜食,适宜养殖牛、羊、食草鱼等。营养成分及消化率均高于紫花苜蓿、红三叶草。

3. 全草供药用,有清热、凉血、宁心的功效。

斑地锦
Euphorbia maculata Linn.

科：大戟科
属：大戟属

▶ 形态特征

一年生匍匐小草本。茎纤细,长 10～17 cm,多分枝,带淡紫红色,被柔毛,折断后有白色乳汁。叶对生,成二列,长椭圆形,长 0.6～1.2 cm,基部偏斜,近圆形,中上部疏生细锯齿上面,在中部有长圆状紫色斑纹,两面无毛;托叶钻形,边缘具睫毛。杯状聚伞花序生于叶腋,总苞窄杯状,外部披疏柔毛,5 裂,裂片三角状圆形,腺体 4 枚,黄绿色,横椭圆形,有花瓣状附属物;总苞中含有由 1 枚雄蕊所成的雄花数朵,稍伸出总苞,中间有 1 朵雌花,子房柄伸出总苞,被毛。蒴果三棱状倒卵形,表面被毛,成熟时伸出总苞。种子卵状四棱形,棱面有 5 横沟,光滑,暗褐色。花期 4～9 月。

分布

原产北美,现已归化于欧亚大陆。20世纪40年代见于江苏、浙江和上海等地,现分布于华东地区、湖北、湖南、广东、河南及河北等地。通常容易入侵于路边、荒地、田间、果园、菜园、城市公园草坪及宅边。

 入侵特性

斑地锦为旱生植物,有很强的适应性,喜生于开阔阳光充足的生境。以有性繁殖为主,植株虽小,但结实率很高,而且果实成熟后可自动开裂,种子弹出,向外扩散,迅速形成植被,覆盖地面。

 主要危害

1. 占据本地物种生态位,形成单优群落,降低本地物种多样性,影响景观的自然性。

2. 易释放化感物质,可抑制其他物种的生长。

3. 影响花生、棉花等作物的正常生长,也可能使其品质下降。

4. 全株有毒,能诱发人体细胞组织癌变。

防治方法

1. 斑地锦在苗期可采用机械耕作或人工铲除,有较好的效果。

2. 采用草甘膦可防除斑地锦的地上部分。

3. 利用斑地锦喜光性,在空旷地带可以种植草坪或其他作物;在农田或菜园适当提高种植密度,可以抑制斑地锦的生长。

用途

全草药用,有清热利湿、凉血止血、解毒消肿的功效。

野老鹳草

Geranium carolinianum Linn.

科: 牻牛儿苗科

属: 老鹳草属

▶ **形态特征**

一年生草本,高达 60 cm。茎直立或斜生,密被倒向柔毛,多分枝。茎生叶互生或上部对生,圆肾形,长 2~3 cm,宽 4~6 cm,掌状 5~7 深裂,裂片楔状倒卵形或菱形,每个裂片上部再 3~5 裂,小裂片条状长圆形,两面有柔毛,下部叶具长柄,上部叶柄渐短。花小,花序腋生或顶生,长于叶,被倒生短毛和开展的长腺毛,每花序梗具 2 花,数个簇生于茎端,呈伞形花序状;萼片宽卵形,被柔毛或沿脉被开展糙毛和腺毛;花瓣淡紫红色,倒卵形,与萼片等长或稍长。蒴果长约 2 cm,有长喙,具 5 果瓣,每个果瓣具 1 种子,果瓣在喙顶端合生,成熟时果瓣与主轴分离,开裂时由基部向上卷,弹出种子,种子卵形,有微小网纹。花果期5~7月。

分布

原产北美洲,现环北半球温暖地区均有分布。野老鹳草大约20世纪40年代在江苏南部、上海等地有生长,现我国华东、华中及西南等地亦有分布,并已野化。

入侵特性

野老鹳草以种子繁殖后代,单株野老鹳草可以结500余粒种子,在稻麦两熟制地区,种子在水稻栽培期间,淹没土中120天仍能安全越夏,当年秋天在田间发芽生长出新植株。

主要危害

野老鹳草的生活力、适应性强,生存竞争能力强,常与农作物争肥、争水;入侵城市草坪、花坛等影响观赏效果。

防治方法

1. 每年11月至第二年的3月为野老鹳草幼苗期,此时进行中耕除草,防除效果最好。

2. 麦类与冬绿肥、油菜等轮作换茬也是切断野老鹳草传播途径的方法。

3. 化学方法防除。野老鹳草木质化程度高,抗药性强,在使用化学药剂防除时,要适当加大剂量。常用的除草剂有二甲四氯、氯氟吡氧乙酸、巨星、使它隆等。

用途

全草药用,有祛风湿、通经络、止泻痢的功效。常用于风湿麻痹、麻木拘挛、筋骨酸痛、泄泻痢疾等症。

红花酢浆草
Oxalis corymbosa DC.

科：酢浆草科

属：酢浆草属

别名：三叶草

▶ **形态特征**

多年生草木,高达35 cm。无地上茎,地下有多数小鳞茎,外层鳞片膜质,褐色,被长缘毛,背面有3条纵脉,内层鳞片三角形,无毛。叶具3小叶,基生;叶柄长,被毛;小叶宽倒卵形,长1～4 cm,顶端凹缺,两侧角钝圆形,基部宽楔形。二歧聚伞花序,有5～10朵花,花序梗基生,长10～40 cm。花淡紫红色,花梗长5～25 mm;萼片5,披针形,长4～7 mm,先端有2枚暗红色长圆形腺体;花瓣5,倒心形,长为萼片的2～4倍,无毛;花柱5,被锈色柔毛。蒴果圆柱形,室背开裂,长1.7～2 cm,被毛。花果期3～12月。

分布

原产热带美洲,世界温暖地区广泛归化。19 世纪中叶在香港被报道。该种在我国作为观赏植物引入广为栽培,逸生后成为园圃和田间杂草。茎易随带土苗木传播。在陕西、江苏、浙江、江西、湖南、湖北、重庆、四川、福建、台湾、广东、海南、香港、广西、云南、贵州等省市和地区均有分布。

 入侵特性

常生长于低海拔的山地、田野、庭院和路边,适生于潮湿、疏松的土壤。由于种子数量大,其鳞茎容易分离,繁殖迅速。花果期长达 6～9 月。

主要危害

对草坪的危害极为严重。对农田入侵尚不严重,但由于大量栽培,繁殖容易,扩展迅速,去除困难,具有一定的耐阴性,对自然生态系统的潜在威胁很大。

 防治方法

主要是以防止随带土苗木扩散,在发生地挖除小鳞茎,或用 2,4-D 钠盐或二甲四氯等除草剂防除。

用途

1. 园林中广泛种植,既可以布置于花坛、花境,又适于大片栽植作为地被植物和隙地丛植,还是盆栽的良好材料。
2. 全草入药,治跌打损伤、赤白痢,止血。

细叶旱芹

Cyclospermum leptophyllum (Pers.) Sprague

科： 伞形科

属： 细叶旱芹属

别名： 茴香芹

▶ **形态特征**

　　一年生草本,高达45 cm。茎光滑,多数分枝。基生叶柄长2～5(11) cm;叶鞘膜质,叶宽长圆形或长圆状卵形,长2～10 cm,三至四回羽状全裂,小裂片窄,线状;茎生叶三出,二至三回羽裂,末回裂片线形,长1～1.5 cm。复伞形花序无梗或具短梗,与叶对生,无总苞片和小苞片;伞幅少,通常2～3(5),伞形花序有花5～23朵,花梗不等长;萼齿小或不明显;花瓣近圆形或卵形,白色,稍带粉红色,先端稍内折,中脉显著。双悬果卵圆形。果棱5,果棱线形钝状突起。花果期4～6月。

分布

原产南美洲加勒比海多米尼加岛,现美洲、大洋洲、日本及东南亚广泛分布。种子常混入进口蔬菜,特别是旱芹、胡萝卜种子中进口。20 世纪初在我国香港地区亦有生长,后扩散至长江以南及台湾地区,是旱作物农田的常见外来杂草。植株纤细常不被人重视。

入侵特性

细叶旱芹是一般性杂草,以种子繁殖。

主要危害

细叶旱芹通常生长于旱作物小麦、玉米、大豆、棉花等农田中,影响作物的正常生长,还可能成为多种病菌及害虫的寄生与传染源。

防治方法

1. 在细叶旱芹开花结果前进行一次中耕除草。
2. 采用水旱轮作可以控制、防治其扩散。
3. 化学防除,喷施草甘膦。

野胡萝卜
Daucus carota Linn.

科：伞形科

属：胡萝卜属

别名：南鹤虱

▶ **形态特征**

二年生草本,高 20～120 cm,全体有粗硬毛。根肉质,小圆锥形,近白色。基生叶矩圆形,二至三回羽状全裂,最终裂片条形至披针形,长 2～15 mm,宽 0.5～2 mm。复伞形花序顶生;总花梗长 10～60 cm;总苞片多数,叶状,羽状分裂,裂片条形,反折;伞幅多数;小总苞片 5～7,条形,不裂或羽状分裂;花梗多数;花白色或淡红色。双悬果矩圆形,长 3～4 mm,4 棱有翅,翅上具短钩刺。花期 5～7 月,果期 7～8 月。

分布

原产欧洲,现分布于世界各地。我国明初《救荒本草》(1406)首次记载。果实常混入胡萝卜果中传播。该种是胡萝卜地里的拟态杂草,可能是元朝引种胡萝卜时带入。现分布于四川、重庆、贵州、湖北、湖南、江西、安徽、江苏、浙江、福建、广东、广西、云南、西藏(察隅)。生于山坡路旁、旷野或田间。

 入侵特性

种子繁殖。

 主要危害

常见的农田危害较重的杂草之一,常生长于果园、草地、麦田中。在野外可通过化感作用影响本土植物生长。

 防治方法

1. 野胡萝卜发生较多的农田或地区,合理组织作物轮作换茬,加强田间管理及中耕除草工作,都能有效地减少其危害。

2. 可选用绿磺隆、赛克津等除草剂作用田间防除。

用途

果实药用,有杀虫消积的功效;亦可提取芳香油。

北美车前
Plantago virginica Linn.

科：车前科

属：车前属

▶ **形态特征**

　　一年生或二年生草本,全株密被白色柔毛。直根纤细,有细侧根。叶基生,呈莲座状,倒卵状披针形或倒披针形,长3~18 cm,基部窄楔形,下延至叶柄,边缘波状,疏生齿或近全缘,具3~5条弧形脉,叶柄基部鞘状。穗状花序窄圆柱状,长3~18 cm,上部排列紧密,下部常间断排列,花葶(序梗)长4~20 cm,中空,密被展开的白色柔毛,花冠淡黄色,花两型,能育花花冠裂片卵状披针形,直立,花柱内藏,以闭花授粉为主;风媒花通常不育,花冠开展并于花后反折,雄蕊与花柱明显伸出花冠外。蒴果卵球形,成熟时盖裂。种子2,长卵圆形或卵圆形,腹面凹陷呈船形。花期4~5月,果期5~6月。

分布

原产美国东南部,生于田野、荒坡;现广布于中美洲、欧洲、日本和朝鲜半岛等世界温暖地区。我国始见于 20 世纪 50 年代,首先在江西南昌莲塘地区发现,现在华东地区分布较广,湖南、四川、广东亦有。多生于路边、草坡、宅旁、菜园、果园、城市草坪等地,特别在铁路和公路沿线生长良好。

入侵特性

北美车前为一种典型的旱生杂草,适应性强。以有性繁殖为主,在低密度($8 \times 10^4 \sim 2 \times 10^5$ 株/hm²)种群中,每株可抽穗达 32 条之多,每一花序有花数多达 400 朵,约产生 800 粒种子,其繁殖系数十分庞大;北美车前的种子在有水情况下表面形成一厚层黏液,而极易附着于传播体(人或动物)上,向外扩散。

主要危害

1. 花粉量多时,会导致花粉过敏症。

2. 种群扩散迅速,数量大,呈现出生态爆发趋势,是一典型的生态入侵种,常为旱作物田地、果园及城市草坪有害杂草,影响产量,破坏景观。

防治方法

1. 加强植被保护,减少撂荒地、裸地、固定耕地是对北美车前最根本的管理措施。

2. 北美车前为阳生杂草,具有较高的光补偿点,因此,保护植被的郁闭度能够有效治理该杂草。

3. 采用化学方法:应用化学除草剂,如草甘膦、二甲四氯,均可有效防除生长旺盛期的北美车前,以两者混合配方为好(用 1070 草甘膦 0.015 L 和 20% 二甲四氯 0.003 L 兑水 0.3 L 喷雾)。

用途

全草和种子供药用。种子有利水通淋、清肝明目的功效;全草有清热解毒、利尿的功效。

阿拉伯婆婆纳
Veronica persica Poir.

科：玄参科

属：婆婆纳属

别名：波斯婆婆纳

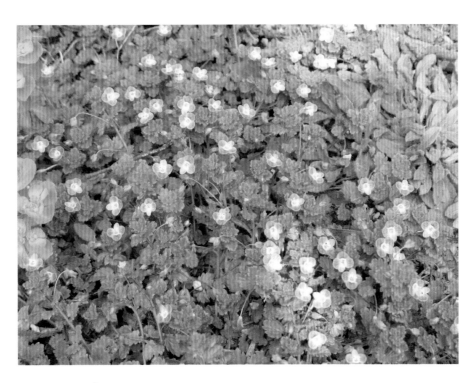

 形态特征

　　一年生或越年生披散草本,高达 50 cm。茎多分枝,密生两列柔毛。叶卵形或圆形,基部叶 2～4 对,对生,有柄,上部叶(内腋生花的称为苞片)互生,无柄,长 0.6～2 cm,边缘有钝锯齿,两面有毛。总状花序顶生,花单生于苞片内,花萼 4 深裂,裂片窄卵形,有睫毛,宿存;花冠淡蓝色,有放射状深蓝色条纹,雄蕊 2,短于花冠。蒴果 2 深裂,倒心形,有网纹。种子长圆形或舟形,腹面凹入,有深纵纹。花期 2～5 月。

 分布

　　原产欧洲西南部、亚洲西部至伊朗等地,19 世纪后散布世界各地。我国最早记载于 1919—1921 年刊印的《江苏植物名录》,于 1933 年在湖北武昌采到标本。现我国长江流域及以南多省区和新疆等地有分布。通常生于路边、草地、苗圃、果园、菜园、风景旅游地、农田等处。

 入侵特性

阿拉伯婆婆纳繁殖能力强,生长迅速,生长时间长。无性繁殖能力强,茎着土易长出不定根,新鲜的离体茎段埋土后能形成新的植株,种子萌发率对土壤水分的要求较宽,在 0~1 cm 土层中萌发率可达 100%,在 3 cm 以下不出苗。

 主要危害

阿拉伯婆婆纳低密度种群对作物影响较小,高密度种群对麦类、油菜等夏熟作物有严重影响。其种群密度在麦田中超过 29.2 株每平方米时,就会危害作物生长。同时严重危害棉花、玉米、大豆等作物的幼苗生长。

 防治方法

1. 农业防除:制定合理的种植轮作模式,形成不利于杂草生长和种子保存的生态环境,缩短土壤种子库内杂草子实的寿命,降低翌年的杂草基数,达到杂草管理的科学性和长效性。将旱—旱轮作改为旱—水轮作,可以有效控制阿拉伯婆婆纳喜旱性杂草的发生。同时,适当加大作物种植密度亦可控制阿拉伯婆婆纳等地被植物的杂草危害。

2. 化学防除:化学防除阿拉伯婆婆纳的效果较好。二甲四氯、使它隆等除草剂是防除波斯婆婆纳的有效药剂;异丙隆、伏草隆、二甲四氯、甲磺隆、绿麦隆、麦草宁等除草剂对幼苗期的波斯婆婆纳均有良好的效果。

 用途

全草药用,有清热解毒的功效,用于肾虚、风湿、疟疾等症。

睫毛婆婆纳
Veronica hederaefolia Linn.

科： 玄参科

属： 婆婆纳属

别名： 常春藤婆婆纳

▶ **形态特征**

一年生草本。全株被白色毛,茎直立,纤细,基部分枝,高 10～25 cm。叶对生,宽卵形或卵圆形,长 0.6～1.2 cm,宽 0.8～1.4 cm,先端钝圆,基部宽楔形或微心形,中上部 3～4 粗钝齿或全缘,两面有毛,叶缘具稀疏的白色长缘毛,具基出 3 脉;叶柄被毛。总状花序顶生,苞片与叶同型,近等大,花梗长于苞片,有时超过 1 倍;花萼绿色,4 深裂,裂片卵状三角形或三角形,长约 4 mm,边缘具密集的睫毛;花冠淡青紫色或白色,4 裂,裂片椭圆形,花冠筒短;雄蕊 2,短于花冠。蒴果偏球形,无毛,内含种子 1～4 粒;种子长圆形,表面有纵纹。花果期 3～4 月。

分布

原产欧洲、西亚及北非等地中海沿岸国家。现散见于世界各地。20世纪80年代首先在南京中山植物园采集到标本，当时极为稀少。现分布于江苏、浙江等省的局部地区。

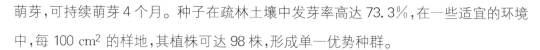

 入侵特性

以种子繁殖，4月份种子成熟，落地后进入休眠期，10月开始萌芽，可持续萌芽4个月。种子在疏林土壤中发芽率高达73.3％，在一些适宜的环境中，每100 cm² 的样地，其植株可达98株，形成单一优势种群。

主要危害

1. 睫毛婆婆纳的盖度可达到98％～100％，侵占了本土早春植物或林下草本层的生境，是当地物种丰富度下降的主要诱因，对夏熟作物存在潜在的危害。

2. 我国尚未有关于睫毛婆婆纳对作物、生态等影响的报道，但国外报道较多，在土耳其，农田及温室里的睫毛婆婆纳能降低小麦的植株高度，降低产量及品质；在日本西部地区，睫毛婆婆纳对夏熟作物产生严重危害。

3. 睫毛婆婆纳是茎点霉属(*Phoma eupyrena*、*P. cucumeris*)等真菌的寄主。

 防治方法

1. 在农田可使用水旱轮作制，以减轻睫毛婆婆纳的发生。

2. 使用化学除草剂，如草甘膦、百草枯等，可有效地防除常春藤婆婆纳。

胜红蓟
Ageratum conyzoides Linn.

科: 菊科

属: 藿香蓟属

别名: 藿香蓟

 **形态特征**

　　一年生草本,高40~60 cm,全株被白色绒毛或薄棉毛,茎直立,不分枝或下部茎枝平卧而节上生不定根。单叶对生或上部叶近互生,卵形或倒卵状三角形,先端圆形或渐尖,基部宽楔形,两面被白色柔毛,边缘有规则圆锯齿。头状花序排成伞房或复伞房花序,着生于茎顶端。总苞钟状,总苞片2层,长圆形或披针状长圆形,背面无毛,无腺点,先端尖,边缘栉齿状或缘毛状撕裂;花冠淡紫色或白色,顶端5齿裂,花药顶端有附属物。瘦果有5棱,黑色,冠毛膜片状,5个,膜片长圆形或披针形,顶端有芒状长渐尖。花期6~9月,果期8~11月。

分布

原产美洲和非洲。约 19 世纪 80 年代在我国香港地区出现,同时由中南半岛延伸至云南南部。江苏省南部和中部有分布,生于路边草丛、撂荒地、河边草地。我国长江以南等多省区有栽培或归化野生分布。

入侵特性

胜红蓟是一种阳性物种,喜光,喜温暖湿润条件,适应性强,对土壤要求不严,分枝多,耐刈割。主要依靠有性繁殖(种子),花序密集,花多,结实多,且萌发率高;亦可扦插繁殖,有较强的侵占能力。胜红蓟富含挥发物和水溶物,对作物和本土植物有显著的抑制作用。

主要危害

1. 具有化感作用。胜红蓟富含挥发物和水溶物,对黄瓜、萝卜、莴苣、番茄、小麦、大豆、甘蔗、玉米、花生等有抑制作用。

2. 胜红蓟含有氢氰酸及有毒生物碱,牲畜误食会出现中毒症状,严重者可致死。

3. 胜红蓟入侵处,土地被完全覆盖,破坏本地的植物群落,影响生物多样性,并极大地消耗土壤水分和养分,对土地的可耕性破坏特别严重,影响作物生长,直接导致减产。

用途

1. 全草药用。有清热解毒、消肿止痛、止血生肌的功效。
2. 胜红蓟花序密集,呈浓缨状,是布置夏、秋花坛的材料。

豚草
Ambrosia artemisiifolia Linn.

科：菊科

属：豚草属

别名：艾叶破布草

▶ **形态特征**

一年生草本,高 40～150 cm。茎绿色,被糙毛。茎下部叶对生,二回羽状分裂,叶轮廓为三角形,长和宽 15～20 cm,小裂片长圆形或倒披针形,全缘,上面近无毛,或被短伏毛,下面密被糙毛,叶柄短;茎上部叶互生,羽状分裂,无柄。花单性,雌雄同株。雄花数十个至百余个头状花序在茎端或叶腋密集成总状花序,总苞片宽半球形或碟状,总苞片结合,无肋,有波状圆齿,具长柔毛或无毛,每个头状花序有 10～15 不育小花;花冠淡黄绿色,管部短,上部钟状;雌头状花序无花序梗,在雄头状花序下面或在上部叶腋单生,或 3～5 个密集成团伞状,有 1 个无被能育雌花,总苞闭合,总苞片结合,顶端有包围花柱的圆锥状嘴部,顶部以下有 4～6 尖刺,被糙毛。瘦果倒卵圆形,无毛,藏于坚硬总苞中。花期8~9月,果期9~10月。

分布

　　原产北美洲美国西南部和墨西哥北部的沙漠地区,现已扩散至美洲、亚洲、大洋洲和大西洋众多岛屿,20世纪30年代传入我国东南沿海城市。1935年在浙江杭州采集到豚草标本。江苏省南部和中部分布较普遍,北部较少,通常生于道路两侧、居民住宅区周围或撂荒地。我国东北地区、华北南部、华东、华中均有生长,并形成了南京、南昌—九江、武汉、沈阳—铁岭—丹东四个扩散中心。

入侵特性

　　豚草是喜光、短日照、耐干旱、不择土壤、适应强的植物。豚草以种子繁殖后代,每一植株可结种子3 000~30 000多粒,种子在表土(1~4 cm)的发芽出苗存活率为68%,繁殖能力极强;豚草刈割后,能促进分枝,虽然植株降低,但仍能开花结实,其再生能力也极强。豚草茎、叶均含有化感物质,对豆类、蔬菜、水稻、玉米等有显著的抑制作用。

主要危害

　　1. 豚草产生的花粉是人类花粉过敏症(枯草热、也称花粉病)的主要致病源,易引发过敏性皮炎和支气管哮喘等病态反应,给人们的健康带来极大危险。

　　2. 茎、叶释放出化感物质,对禾本科、豆科、菊科植物有抑制作用。

　　3. 豚草有极强的生命力、竞争力和生态可塑性,能迅速扩展和遮盖土地,抑制本土植物生长,易形成单一群落,破坏生物多样性,造成农业减产。

防治方法

　　1. 人工方法:在5~6月豚草未开花之前,连根拔除,晒干焚烧。

　　2. 化学方法:化学防除是一种有效的方法,一直被世界多地普遍采用。常用的药剂有西玛津、阿特拉津、百草枯、草甘膦等。

　　3. 生物防治:释放专门取食豚草的天敌昆虫,如豚草条纹叶甲、豚草卷蛾、豚草实蝇、豚草夜蛾、豚草蓟马等。

一年蓬
Erigeron annuus(L.) Pers.

科：菊科

属：飞蓬属

▶ **形态特征**

　　一年生或二年生草本,高达 1 m。茎直立,上部多分枝,全株被短硬毛。基部叶长圆形或宽卵形,长 4～17 cm,宽 1.5～4 cm,边缘具粗齿,基部下延,叶柄较短,中上部叶长圆状披针形或披针形,最上部叶线形,两面被疏硬毛或无毛。头状花序多个,在顶部排成圆锥花序或伞房状;总苞半球形,总苞片 3 层,披针形,背面密被腺毛和长毛,头状花序外围雌花舌状,2 层,舌片平展,线形,白色,先端有 2 小齿,中央为两性花,管状,黄色。瘦果披针形,具冠毛,种子千粒重 3.4 g。花果期 7～9 月。

▶ **分布**

　　原产北美,现广布于北半球温带和亚热带地区。据 Forbes 和 Hemslely(1888

年)记载,我国大约在 19 世纪 80 年代在上海附近发现,现广布于我国吉林、河北、华东、华中、西藏等省区;江苏省各地有分布,多生长于路边、菜园、果园、村舍附近及荒山草丛等地。

 入侵特性

首先,一年蓬以种子繁殖,种子产量高,平均每株可结种子近 30 000 粒,种子落地后能立即萌发,虽然发芽率低仅有 5% 左右,但种子数量多,繁殖系数仍相当可观。其二,它的果实有冠毛,可借助风力传播到远处,扩散面积大。其三,它的生活能力强,即使是在秋末冬初仍能见到新的幼苗,其适应性也强,路边、草地、荒山等地均能生长。

主要危害

1. 它的繁殖系数大,扩散速度快,发生量大,常危害旱作物、果园、桑园和茶园。

2. 它是红蜘蛛的越冬寄主,而红蜘蛛是一种农田害虫,易引起作物病虫害。

3. 它对其他物种具有化感作用(其根分泌的聚乙炔化合物——母菊酯和脱氢母菊酯等),可抑制水稻等作物胚轴和根的生长。

4. 与本土植物争水、争肥、争夺生存空间,爆发扩散时往往形成单优种群,破坏原有生态系统,影响生物多样性。

5. 它的花粉易引起部分人群花粉过敏。

 防治方法

化学防除：用草甘膦、二甲四氯、百草敌等除草剂防除。

 用途

全草药用,有清热解毒、消食止泻的功效。用于急性胃肠炎、肝炎、消化不良、肠炎腹泻,亦可治疟疾。

钻形紫菀

Symphyotrichum sublatum (Michaux) G.L. Nesom

科：菊科

属：紫菀属

▶ **形态特征**

一年生直立草本,高达 1.2 m。茎无毛,有纵棱,稍带紫红色,上部具分枝。基部叶倒披针形,花后调落,中部叶线状披针形或披针形,长 6～10cm,宽 0.5～1 cm,先端渐尖或钝,无柄,两面无毛,中脉明显,侧脉不明显,上部叶渐窄,呈线形。头状花序在茎上部排成圆锥状,直径约 0.8 cm;总苞钟状,总苞片 3～4 层,外层较短,线状钻形,无毛,边缘膜质,先端稍带紫红色;花序外围为雌花,花冠舌状,舌片细窄,红色,中央为两性花,管状,黄色。花果期 8～11 月。

▶ **分布**

原产北美洲。1947 年首次在湖北武昌发现,现广布于华东、华中、华南及西南各地。江苏省中南部地区分布普遍。多生于路边、撂荒地、山坡林缘草丛中。在苏南有些撂荒地常与小白酒草、三叶狼杷草等组成外来入侵种群落。

45

入侵特性

钻形紫菀以种子繁殖。据调查,1 株生长正常的钻形紫菀可产生 2 万多粒种子,种子 9～11 月份成熟,条件适宜即可萌发,有研究报道种子发芽率可达 96％;种子具冠毛,可以随风长距离传播,有利于种群扩大。钻形紫菀耐受性和可塑性强,多种生境下均能生长并正常开花结实。

 主要危害

1. 它的入侵范围广,发生量较大,并能形成单一优势群落,挤压本土植物生长,破坏生物多样性。

2. 对小麦、油菜、绿豆等作物有不同程度的抑制作用,降低种子活力,抑制幼苗生长。

 防治方法

在低密度地区以人工拔除为主;高密度区域以化学防除为主,常用灭生性除草剂,如草甘膦等。

 用途

全草药用,有清热解毒、利湿的功效。嫩茎叶可作蔬菜食用。

小蓬草

Erigeron canadensis Linn.

科： 菊科

属： 飞蓬属

别名： 小白酒草、小飞蓬

 形态特征

一年生直立草本,高达 1.2 m。茎绿色,上部有分枝,疏被粗长毛。基部叶近匙形,长 6～10 cm,渐近无柄,具疏齿或全缘,上部叶线形或线状披针形,近无柄。头状花序多数,直径约 4 mm,有细梗,再排列成密集的圆锥状或伞房状圆锥花序,总苞半球形,总苞片 2～3 层,线状披针形或线形,外层短;雌花多数,舌状,白色,舌片线形,先端有 2 钝齿裂,两性花淡黄色,花冠管状,顶端 4～5 裂。瘦果线状披针形,长 1.2～1.5 mm,冠毛污白色,1 层,刚毛状。花果期 5～10 月。

 分布

原产北美洲,现在全世界热带和亚热带地区广泛分布。我国大约于 1860 年在山东烟台采集到,以后扩散到几乎遍及全国。长生于旷野、路边、草坪地、菜园、果园及山坡草丛,是一种常见入侵有害杂草。

 入侵特性

其一,它是以种子繁殖,种子产量高,平均每株产种子 2.5 万粒,果实具冠毛,成熟后随风飘扬,可以快速传播扩散。其二,它的适应性强,对土壤要求不严,从热带至寒温带的各种气候条件均能生长。其入侵地往往可以形成小蓬草的单一优势群落。

 主要危害

1. 它常与旱地作物争抢水分、养分及生存空间。

2. 它分泌出化感物质,可抑制其他植物生长,影响作物、果树、茶树等作物的产量及品质。

3. 排挤本土物种,影响自然生态系统的组成和结构,破坏生物多样性。

4. 常在公路边成片生长,秋冬季一片枯萎凋零景象,破坏景观,影响环境建设。

 防治方法

1. 在每年秋季小蓬草种子尚未成熟时,集中人力刈除或者机械刈除。

2. 化学防除:在肥作物田间,用 10% 草甘膦水剂 800~1 000 mL 兑水 40 kg,或者48%莠去津粉剂 250 mL 兑水 30 kg,叶面喷洒;在稻田田埂或蔬菜空茬田,使用20%使它隆乳油 50 mL 或者20%二甲四氯钠盐水剂 200 mL 兑水 50 kg 喷雾,两者减半混合使用效果良好。

 用途

1. 它可修复重金属污染的土壤。在镉污染的土地上种植小蓬草,土壤中的镉可以通过根系吸收,然后转移至其地上部分的茎叶中。

2. 全草药用,有清热解毒、消炎、祛风湿的功效。

香丝草
Erigeron bonariensis Linn.

科：菊科

属：飞蓬属

别名：野塘蒿

▶ **形态特征**

　　一年生或二年生草本,茎高达 50 cm,密被贴短毛,兼有疏长毛。下部叶倒披针形或长圆状披针形,长 3～5 cm,基部渐窄成长柄,具粗齿或羽状浅裂;中部和上部叶具短柄或无柄,窄披针形或线形,长 3～7 cm,中部叶具齿,上部叶全缘;叶两面均密被糙毛。头状花序径 0.8～1 cm,在茎端排成总状或总状圆锥花序,花序梗长 1～1.5 cm;总苞椭圆状卵形,长约 5 mm,总苞片 2～3 层,线形,背面密被灰白色糙毛,具干膜质边缘。雌花多层,白色,花冠细管状,长 3～3.5 mm,无舌片或顶端有 3～4 细齿;两性花淡黄色,花冠管状,管部上部被疏微毛,具 5 齿裂。瘦果线状披针形,长 1.5 mm,被疏短毛;冠毛 1 层,淡红褐色。花果期 5～10 月。

分布

原产南美洲,现广泛分布于热带及亚热带地区。我国中部、东部、南部至西南部各省区都有;江苏全省各地常见,常生于荒地,田边、路旁,为一种常见的杂草。

本属江苏常见的入侵植物还有苏门白酒草(*Erigeron sumatrense* Retz. Walker),区别在于苏门白酒草的茎粗壮,高达 1.5 m。密被灰白色上弯的糙毛,兼有稀疏的柔毛,下面也倒披针形或披针形,上部有 4~5 对粗齿,中上部叶窄披针形或近线形,全缘或有锯齿,两面密被糙毛。头状花序直径 5~8 mm,多数在茎端排列成圆锥花序。瘦果线状披针形,长约 1.5 mm,冠毛 1 层,初为白色,后变黄褐色。花果期 5~10 月。

 入侵特性

以种子繁殖。生长于荒地、田边及路旁,常于桑、茶及果园中危害。苗期于秋、冬季或翌年春季。

 主要危害

生长于荒地、田边及路旁,常于桑、茶及果园中危害,发生量大,危害重,是区域性的恶性杂草,也是路埂、宅旁及荒地发生数量大的杂草之一。

 防治方法

1. 在秋季种子尚未成熟时,集中刈除。

2. 化学防除。在肥作物田间,用 10%草甘膦水剂 800~1 000 mL 兑水 40 kg,或者 48%莠去津粉剂 250 mL 兑水 30 kg,叶面喷洒;在稻田田埂或蔬菜空茬田,使用 20%使它隆乳油 50 mL 或者 20%二甲四氯钠盐水剂 200 mL 兑水 50 kg 喷雾,二者减半混合使用效果良好。

 用途

全草入药,可治感冒、疟疾、急性关节炎及外伤出血。

鬼针草
Bidens pilosa Linn.

科： 菊科

属： 鬼针草属

▶ **形态特征**

　　一年生草本，高达 1 m。茎直立，具 4 棱，无毛或具极稀疏柔毛。基部叶 3 裂或不裂，开花前枯萎；中上部叶通常 3 或 5～7 深裂或羽状复叶，两侧小叶椭圆形或卵状椭圆形，长 2～4.5 cm。具短柄，具锯齿或分裂，顶生叶长椭圆形。头状花序直径 8～9 mm，花序梗长 1～6 cm；总苞基部被柔毛，总苞片 7～8 枚，线状匙形，无舌状花，管状花黄褐色，顶端 5 裂。瘦果线形，成熟后黑褐色，具纵棱，长 0.7～1.5 cm，上部具稀疏瘤状突起或刚毛，顶端芒刺 3～4 枚，具倒刺毛。花果期 9～11 月。

▶ **分布**

　　原产热带美洲，现已广布于亚洲和美洲的热带和亚热带地区。我国华东、华中、华南、西南及河北山西、辽宁都有分布,江苏省南北各地均有分布。

 入侵特性

三叶鬼针草以种子繁殖,每株三叶鬼针草可产生 1 000～2 000 粒种子,种子能保存 3～5 年的萌发能力;瘦果顶端有带倒刺毛的芒刺,极易挂在动物的皮毛和人的衣服上传播扩散。三叶鬼针草具有较强烈的化感作用,能抑制其他植物生长,从而形成单一种群,且在该种群中存在世代重叠的现象,也是三叶鬼针草能够迅速入侵扩繁的主要因素。

 主要危害

1. 具有极强的繁殖能力和特殊的传播方式,入侵旱田、果园、菜园、桑园及茶园,与作物争光、争水、争肥,影响作物生长,导致减产。

2. 具有强烈的化感作用,使低矮的草本植物被排挤,威胁本土植物生存,造成群落种群单一化,生物多样性减少。

 防治方法

1. 人工防除:在开花之前人工铲除。

2. 化学防除:每亩用 30～50 mL 25％的氟磺胺草醚水剂,兑水 40 kg,均匀喷雾,对大豆田内三叶鬼针草的防治效果较好。

 用途

全草药用,有清热解毒、散瘀消肿的功效。可用于感冒发热、咽喉肿痛、阑尾炎、肠炎、慢性溃疡、跌打损伤等症。

大狼杷草

Bidens frondosa Linn.

科： 菊科

属： 鬼针草属

别名： 脱力草

▶ **形态特征**

一年生草本。茎直立,分枝,高 20～120 cm,被疏毛或无毛,常带紫色。叶对生,
具柄,为一回羽状复叶,小叶 3～5 枚,披针形,长 3～10 cm,宽 1～3 cm,先端渐尖,边
缘有粗锯齿,通常背面被稀疏短柔毛,至少顶生者具明显的柄。头状花序单生茎端和
枝端,连同总苞苞片直径 12～25 mm,高约 12 mm。总苞钟状或半球形,外层苞片 5～
10 枚,通常 8 枚,披针形或匙状倒披针形,叶状,边缘有缘毛,内层苞片长圆形,长 5～
9 mm,膜质,具淡黄色边缘,无舌状花或舌状花不发育,极不明显,筒状花两性,花冠
长约 3 mm,冠檐 5 裂;瘦果扁平,狭楔形,长 5～10 mm,近无毛或是糙伏毛,顶端芒刺

2 枚,长约 2.5 mm,有倒刺毛。

 分布

原产于北美,最初为无意引入,现主要分布于我国安徽、江苏、浙江、江西、辽宁等地。江苏南部各地都有,生于荒地、路边、沟边、低洼的水湿处。

 入侵特性

大狼杷草属湿生性广布植物,湿生、浅水域条件均能生长;喜酸性至中性土壤,也能耐盐碱,常群生,在局部区域形成单优势种群落,或与禾本科、莎草科、蓼科植物组成群落。

该草每株平均可产生 112.65 个果序,而每个果序平均可产生近 4 000 粒种子,其种子数量大,传播扩散能力极强,能够依靠瘦果顶端通常具倒刺毛的芒刺扎在人畜身上传播到远方,并形成新的植株。

 主要危害

在稻田缺水条件下,常侵入田中,大量发生,造成危害,有扩散至全国水稻产区的趋势。

 防治方法

防治方法同鬼针草。

 用途

全草入药,有强壮、清热解毒的功效。主治体虚乏力、盗汗、咯血、痢疾、疳积、丹毒。

牛膝菊

Galinsoga parviflora Cav.

科： 菊科

属： 牛膝菊属

别名： 辣子草

▶ **形态特征**

　　一年生草本,高30～60 cm。茎直立,被贴伏的柔毛和少量的腺毛。单叶对生,卵形或长椭圆状卵形,长2.5～5.5 cm,宽2～2.7 cm。先端渐尖,基部圆形或平截,具粗齿,常具睫毛,两面被毛,基出3脉。头状花序半球形,排列成疏松的伞房状,具异形小花,花序梗长1～3 cm,纤细;总苞半球形,总苞片1～2层,约5片,绿色,膜质,卵形或卵圆形;舌状花4～5朵,舌片白色,先端3齿裂;管状花黄色,先端5齿裂,密被白色柔毛。瘦果倒三角形,有3棱或中央的瘦果4～5棱,顶端具鳞片状冠毛。花果期7～10月。

 分布

原产南美洲热带地区。1915年在云南宁蒗和四川木里采到标本,现在我国除西北以外,全国各地均有分布。多生于山坡草地、林缘草丛、旱作农田、菜园、果园及茶园。

 入侵特性

牛膝菊以种子繁殖后代,单株产子率较高,种子小,具冠毛,可借助外力进行远距离传播,扩散范围广。其次,具有较强的逆境适应能力和种群竞争能力,对土壤要求不高,根系发达,促进其对土壤养分和水分的吸收,即使在干旱贫瘠的土壤环境中也能生长。

 主要危害

1. 常密集成片生长,形成单一优势种群,干扰和危害本地植物生长,破坏原生天然植被景观,给当地物种多样性造成威胁。

2. 易入侵菜园、果园、旱作农田,与作物争夺水分、养分及生存空间,影响作物的产量及品质。

3. 易侵入草坪绿地,影响城市绿化效果,破坏植被景观。

4. 其茎叶提取液对小麦、玉米等作物的发芽指数、活力指数和根长均有抑制作用。

 防治方法

1. 在牛膝菊开花前进行中耕除草,防除效果较好。
2. 在开花前进行化学除草剂喷洒,常用二甲四氯、百草敌等,效果甚好。

 用途

全草药用,有止血、消炎的功效。

野茼蒿

Crassocephalum crepidioides (Benth.) S. Moore

科：菊科

属：野茼蒿属

 形态特征

　　一年生直立草本，高 0.5～1.2 m。茎直立，无毛，上部多分枝。叶质薄，椭圆形或长圆状椭圆形，长 5～12 cm，宽 2～5 cm，先端渐尖，基部楔形，有不规则锯齿或基部羽状分裂，具 1～3 羽裂片，两面近无毛。头状花序多数，在茎端排成伞房状，总苞钟状，有数枚线状小苞片，总苞片 1 层，线状披针形，边缘膜质，先端有簇生毛，白色，果时反折；小花全为两性花，管状，花冠橙红色或红褐色，顶端 5 齿裂，花柱分枝而外弯，顶端尖，有乳头状毛。瘦果狭圆柱形，朱红色，长约 2 mm，有纵肋，被毛；冠毛绢毛状，极多，白色。花果期 7～11 月。

 分布

　　原产热带非洲，现全世界泛热带广大地区普遍分布。大约在 20 世纪初从中南半岛入侵我国南部各省区,现已扩散到长江流域以南广大地区,我省苏南地区亦有,但分布面积较小,数量较少,尚未形成严重危害。

 入侵特性

野茼蒿以种子繁殖。种子具冠毛,冠毛特别丰富,借助风力可以扩散,亦可借助长皮毛的动物进行传播。

 主要危害

1. 它是旱田、果园、菜园和茶园的杂草,耗肥耗水,与栽培植物争水争肥争光,影响作物产量和质量;由于有很强的生长优势,本土植物受严重排挤,对入侵地生态环境和物种多样性构成威胁。

2. 它的化感作用较强,对旱作物小麦、玉米等的种子萌发和幼苗生长有着不同程度的抑制作用。

 防治方法

1. 野茼蒿在夏季开花,在开花前铲除,防除效果较好;旱田在5月进行中耕除草亦是防除野茼蒿的好办法。

2. 用乙羧氟草醚、草甘膦和百草枯均可有效杀灭野茼蒿。

 用途

1. 全草共药用,有消炎止咳、清热解毒、健脾胃的功效,用于胃肠炎痢疾、乳腺炎、消化不良等症。

2. 嫩茎叶可作野菜。

3. 全株可作家畜饲料。

加拿大一枝黄花

Solidago canadensis Linn.

科：菊科

属：一枝黄花属

别名：金棒草

▶ **形态特征**

多年生直立草本,高达 2.5 m。根状茎横走,自根颈处向四周延伸并有分枝,长达 1 m,顶端有顶芽,每个顶芽都可萌发成新植株。单叶互生,披针形或线状披针形,长 5～12 cm,上面被糙毛,叶缘有短糙毛,离基三出脉,叶柄极短。总苞片线状披针形,长 3～4 mm,边缘舌状花很短。花黄色,头状花序,多数头状集成总状花序,并在花序轴上生于向上一侧,再由多数总状花序排列成大型圆锥花序,每个圆锥花序约有

1 500 个头状花序。瘦果圆柱形,常具 8~12 条纵棱,冠毛 1~2 层,每个头状花序平均有 14 枚瘦果。每年秋季开花。

分布

原产北美,1935 年从日本作为花卉引入台北,早期作为园林花卉栽培于上海、江苏南部及庐山。后逸为野生,20 世纪 80 年代蔓延扩散成为一种典型的外来入侵杂草,已经被列入我国重要外来有害植物名录。江苏省全省范围内分布普遍,特别在高等级公路周边、城镇附近的撂荒地生长旺盛,景象壮观;浙江、安徽、江西、福建、台湾、湖北、湖南、河南、云南、四川、辽宁等省区也表现出入侵迹象。

入侵特性

以种子和根状茎繁殖。3 月份加拿大一枝黄花开始出苗生长,10~11 月为花期,其结实量高达 20 000 颗种子,而千粒重仅为 0.045~0.050 g,种子有冠毛,易借风远距离传播。种子萌发率高达 80%,加拿大一枝黄花高的繁殖能力对其扩张起了极大的作用。其非凡的环境适应能力具有容易形成单一优势种群的特点,第一年 2~3 株零星出现,2~3 年后即可成片发生,导致其他草类减少。除种子繁殖外,地下根茎横向扩展繁殖力旺盛。

 主要危害

1. 竞争力强,使之快速蔓延,形成明显的生长优势,并能抑制其他植物的生长,最后形成该种的单一群落,进而严重破坏当地植被生态系统平衡

2. 能通过释放特定的化学物质来抑制当地植物种子萌发及生长发育,形成单一优势种群,危害农业生产。

 防治方法

1. 3~5月份,当新发苗初长阶段,用人工方法铲除。将根茎同时清除,集中焚毁。8~9月份,当花序将抽出时,用人工方法清除,并集中焚毁。

2. 3~5月份,当新发苗初长阶段,使用化学除草剂(如草甘膦等),连续数次喷雾灭杀。第一次宜在3月中旬,间隔1月余,再喷杀1~2次。

3. 利用天敌和他感作用抑制加拿大一枝黄花的蔓延。

 用途

作为花卉引种,常作为花镜背景材料,或丛植于园林中供观赏,也可作鲜切花。

互花米草

Spartina alterniflora Loisel.

科： 禾本科

属： 米草属

形态特征

多年生草本植物。该植物的地下部分通常由短而细的须根和长而粗的地下茎(根状茎)组成。根系发达,常密布于地下 30 cm 深的土层内,有时可深达 50～100 cm。茎秆坚韧、直立,高可达 1～3 m,直径在 1 cm 以上。茎节具叶鞘,叶腋有腋芽。叶互生,呈长披针形,长可达 90 cm,宽 1.5～2 cm,具盐腺,根吸收的盐分大都由盐腺排出体外,因而叶表面往往有白色粉状的盐霜出现。圆锥花序长 20～45 cm,具 10～20 个穗形总状花序,有 16～24 个小穗,小穗侧扁,长约 1 cm;两性花;子房平滑,两柱头很长,呈白色羽毛状;雄蕊 3 个,花药成熟时纵向开裂,花粉黄色。种子通常 8～12 月成熟,颖果长 0.8～1.5 cm,胚呈浅绿色或蜡黄色。

 分布

原生于北美洲大西洋沿岸的潮间带泥滩,起初被引入世界各地充作保护泥滩用途。1979 年,我国从美国东海岸引入,用以弥补大米草(*Spartina anglica* Hubb.)落户我国后植株变矮、产量变低、退化严重等问题。1980 年试种成功后,便推广到山东、江苏、浙江、福建、广东等沿海滩涂种植。能在高盐度和经常被海水浸泡的潮间带生存,并成为优势种,常呈单纯群落。江苏省苏北沿海滩涂和沟渠中广泛生长。

大米草与互花米草相似,但大米草的植株矮小,高 30～50 cm,有时可达 1 m,叶片较短,长 10～45 cm,宽 0.7～1.5 cm,小穗有毛,可资区别。

2003 年初,国家环保总局公布了首批入侵我国的 16 种外来入侵种名单,互花米草作为唯一的海岸盐沼植物名列其中。

 入侵特性

互花米草以有性和无性两种方式均能繁殖。其繁殖体包括种子、根状茎与断落的植株。在适宜的条件下,互花米草 3～4 个月即可达到性成熟,每个花序上的种子数量为 133～636 粒;在潮汐的作用下,部分植株及根状茎被冲刷、断落,种子一并随潮水漂流,同样也具有一定的繁殖力。对已经建立的互花米草种群,其局部的扩张主要依赖于克隆生长。互花米草根状茎的延伸速度很快。在华盛顿州的滩涂上,互花米草根状茎的横向延伸速度为每年 0.5～1.7 m。

主要危害

1. 潮间带大面积、高密度的互花米草导致海岸带生态系统结构和功能的改变，严重威胁本地区的生物多样性。

2. 侵占大片滩涂用地，给适宜滩涂养殖用地造成经济损失和危害，导致贝类、蟹类、藻类、鱼类等多种生物窒息而死亡。

3. 诱发赤潮。影响海水的交换能力，致使水环境下降，诱发赤潮。

4. 堵塞航道。互花米草根系发达，易生长到航道区，造成航道淤浅，影响船只进出港，给海上运输、渔业、国防带来不便。

 防治方法

1. 物理方法：包括遮盖、水淹或排水、挖根、碎根、火烧、收割等，要根据不同的环境条件采用相应的策略使得达到需要的结果，物理方法的清除效率较低。

2. 化学方法：草甘膦是目前在互花米草控制中唯一得到实际应用的除草剂。近年来，我国也开发出一种新的除草剂米草净，可导致互花米草的败育，但还未大规模应用。使用除草剂会污染环境，有一定的不安全性。

3. 生物控制是指利用昆虫、真菌以及病原生物等天敌来抑制互花米草生长和繁殖，从而遏制互花米草种群的爆发，目前对引进天敌的效果与后果都存在一定的争议。对于互花米草的生物控制研究尚在实验阶段，没有得到大规模的应用。

 用途

1. 促淤造陆，消浪护堤。互花米草具有发达的地下根茎系统，能固定滨海疏松流动且受潮水间断浸渍的淤泥质土壤。该植物促淤造陆的生态过程十分迅速。

2. 土壤脱盐，提高肥力。互花米草是高光效植物，茎叶繁盛，根系发达，在滩涂种植有利于改善土壤的理化性质，提高土壤肥力和有机质含量。

3. 防治污染。互花米草对活水中的污染物吸附能力较强，对污染物的去除率较高。

4. 可以作绿肥，饲料、燃料；也可造纸。

石茅

Sorghum halepense（L.）Pers.

科：禾本科

属：蜀黍属

别名：假高粱、宿根高粱

形态特征

多年生草本。茎秆直立,高达 1.5 m,具发达的根状茎。每节均有腋芽。叶鞘无毛或基部节有毛,叶舌硬膜质,无毛;叶线形或线状披针形,长 20~70 cm,宽 1~3 cm,两面无毛,边缘具微刺齿,中脉灰白色,粗壮。圆锥花序疏松,长 20~40 cm,分枝较多,在主轴上轮生或近轮生,其基部与主轴交接处被白色柔毛,无柄小穗顶端椭圆形,带淡紫色,基盘钝,具毛。颖薄革质,第一颖有 5~7 条脉,先端两侧有脊,脊上有 3 齿;第二颖舟形,上部具 1 脊,无毛;第一外稃膜质,披针形;第二外稃先端 2 裂,有芒或无芒,具小尖头。有柄小穗雄性,较无柄小穗窄,质薄。颖果倒卵形,棕褐色。花期6~7月,果期7~9月。

 分布

原产地中海沿岸及北非等地,我国原记录在台湾、广东、香港、四川等地有引种栽培。20 世纪80~90 年代,随着我国大量粮食进口和国内粮食调运等原因,现在我国华南、华中、华东及河北、辽宁、黑龙江等均发现其踪影。欧洲、亚洲、美洲、非洲及大洋洲均有生长。

 入侵特性

以种子和地下根茎繁殖。一株在一个生长季节可产生近28 000 粒种子和70 cm长的地下茎,其繁殖系数非常可观。新成熟的种子当年秋天不能发芽,在土壤中休眠5~7 个月,并且在土壤中 3~4 年仍有发芽能力。第二年当土温达到 15~20℃时,根状茎开始活动;30℃左右时,种子开始发芽,约 15 天达到 5 叶期,50 天左右植株陆续抽穗。石茅喜温暖、湿润、疏松的土壤,但在生长过程中对土壤要求不高,常混杂在作物中间生长,也生长于沟渠边、河流及湖塘沿岸。

 主要危害

1. 它的植株高大,根茎发达,与农田作物争夺水分、养分、土地、光照及生长空间,影响作物生长。

2. 该植物根的分泌物、腐烂的茎叶、地下根和茎均能抑制作物种子萌发和幼苗的生长,使作物产量降低。

3. 它是许多高粱属作物害中和病害的寄主,易引发作物病虫害。

4. 它可以与高粱属其他作物杂交,使作物产量降低,品质下降。

5. 该植物中所含有的氰化物高于其他栽培高粱,尤以嫩芽聚集量高,牲畜误食可引起中毒,甚至死亡。

 防治方法

1. 对于新发现的少量植株,立即清除整株,晒干焚烧,防其蔓延。

2. 结合田间中耕除草,将其连根拔除,集中焚烧。

3. 对作物种子中混有假高粱种子,选用风车、选种机等工具汰除干净。

4. 有条件的农田,暂时积水,影响石茅根茎的成活或萌发。

5. 使用化学除草剂,如草甘膦、茅草枯、拿捕净、盖草能等进行防除。

 用途

1. 秆叶可作饲料,也可用作造纸原料,但含有少量氰氢酸,在饲养牲畜时应予注意。

2. 根茎发达可用作水土保持的材料。

毒麦

Lolium temulentum Linn.

科： 禾本科

属： 黑麦草属

▶ **形态特征**

一年生草本,秆高可达 1.2 m。茎直立,丛生,无毛,有 3～5 节。叶鞘长于节间,较疏松;叶舌长 1～2 mm,膜质平截,叶耳窄;叶片长 10～25 cm,宽 0.4～1 cm。穗形总状花序长 10～15 cm,穗轴增厚,质硬,有 12～14 个小穗,小穗有 4～6 小花;小穗轴节间长约 1.5 mm,无毛,颖质地较硬,有 5～9 条脉,边缘膜质;外稃椭圆形或卵形,成熟时膨胀,具 5 条脉,先端膜质透明,基盘微小,芒近外稃顶端伸出,长 1.2～1.8 cm,粗糙;内稃约等长于外稃,脊上有微小纤毛。颖果长椭圆形,千粒重 10～13 g,种子黄褐色至棕色,坚硬。花果期 6～7 月。

▶ **分布**

原产欧洲,早期传入非洲,现扩散至亚洲和大洋洲。大约 20 世纪 40 年代因进口粮食引种混杂其中传入我国,后随麦类调运在多省、县间传播扩散。目前,在我国东北、华东、华中、西南、西北及广东等地都有分布。

▶ **入侵特性**

毒麦适应性广,抵抗不良环境能强。毒麦分蘖力较强,一般有 4～9 个分蘖,平均每株分蘖 5.47 个,比小麦多 1.34 个。繁殖能力强,单株结籽数 14～100 粒,平均 63 粒,小麦仅有 28 粒,其繁殖能力是小麦的 2 倍多。

主要危害

1. 它一旦侵入麦田,若不及时防除,会迅速生长,与麦类作物争肥、争水、争夺生存空间,影响麦类作物的产量和质量。

2. 它的颖果内糊粉层寄生有毒麦菌($Stromatinia\ temulenta$)的菌丝,它产生毒麦碱($C_{17}H_{12}N_{20}$),人、畜(牛、羊、马等)误食入不同量的毒麦中毒后,会出现不同程度的中毒反应,严重的可出现呼吸衰竭、瞳孔散大、昏睡状态等。

 防治方法

1. 人工拔除:在小麦落黄后,毒麦尚未完全变黄,此时组织人工拔除,可收到良好效果。

2. 加强种子进口的检验检疫:在进口粮食和种子的检验检疫时,出入境检疫部门加强工作力度,一旦发现毒麦,应作除害处理。

3. 发生毒麦的麦田与玉米、高粱等作物轮作,尤其是与水稻轮作,防治效果良好。

4. 化学防除:于小麦播种后发芽前施用 25% 绿麦隆可湿性粉剂每公顷 4.5 kg;或者 50% 异丙隆可湿性粉剂每公顷 2.1 kg;或者按阿畏达有效成分计每公顷 1.5 kg,对毒麦的防除效果可达 97.3%;或者在毒麦子叶期施用禾草灵(400~800 倍液),效果理想,平均防除效果 81.9%,并对小麦安全。

凤眼蓝

Eichhornia crassipes（Mart.）Solms

科：雨久花科

属：凤眼蓝属

别名：水浮莲、水葫芦、凤眼莲

▶ **形态特征**

浮水草本，植株直立，高达 60 cm；须根发达，长达 30 cm；茎粗壮极短，具长匍匐枝。叶基生，莲座状排列，5～10 片，圆形、宽卵形或宽菱形，长 4.5～14 cm，先端钝圆，基部宽楔形，幼时浅心形，全缘，具弧形脉，表面光亮，深绿色，叶柄中部以下膨大，呈球状或纺锤状，基部有鞘状苞片，长 8～10 cm。穗状花序从叶柄基部的鞘状苞片内抽出，长达 20 cm，常具花 6～12 朵。花被片基部合生成筒，近基部有腺毛，裂片 6，花瓣状，蓝紫色，花冠两侧对称，上方 1 片较大，长约 3.5 cm，其余 5 片较小，长约 3 cm；雄蕊 6 枚，3 长 3 短，贴生于花被筒上；子房上位，长椭圆形。蒴果卵圆形，包藏于宿存的被筒内，室背开裂，果皮膜质。种子多数，卵圆形，有棱。花期 7～10 月，果期 8～11 月。

 分布

原产南美洲巴西,1901 年作为花卉引入我国台湾。20 世纪 50～70 年代作为畜牧业和渔业的优良饲料在我国南方大力推广种植,80 年代对治理水环境污染和水质净化都起到一定作用。由于大力推广,现在各地均逸为野生,已成为危害严重的恶性水生杂草之一。

 入侵特性

凤眼蓝生长环境宽泛,水稻田、池塘、湖泊、水库、水沟、流速缓慢的河道里等适宜环境,均可生长。它有两种繁殖方式——有性繁殖和无性繁殖,以无性繁殖为主。一个单株在一个生长季中可以产生 2.8 万颗种子(种子极小,千粒重为 0.4 g)。在适宜条件下,每 5 天可以萌发一个新植株,90 天内就能繁衍 25 万棵幼苗,种群在 200 天以后,可达 342 万株左右,覆盖水面约 15 000 m²。

无性繁殖是以其缩短茎的叶腋中抽出来的匍匐枝,生长到一定长度后,匍匐枝顶端芽形成新植株,分离后不久再分生新的植株其较快的繁殖速率,使其在短时间内迅速扩展种群,形成大面积的单种优势群落。

主要危害

1. 破坏水域生态系统功能,使生态环境失调、乡土物种灭绝。

2. 堵塞河道,影响航行,阻碍排灌,降低水产品产量,给农业、水产养殖业等带来经济损失。

3. 易覆盖水面,影响周边居民和牲畜生活用水,生活环境恶化,容易孳生蚊蝇,对人们的健康构成威胁。

4. 具有高速率的繁殖能力,迅速扩展种群,形成大面积的单种优势群落,侵占周围水域,影响该水域生态系统的结构和功能,严重影响水生生物多样性。

 防治方法

1. 物理防治:用人工或者机械打捞,将捞起的凤眼蓝经太阳曝晒,然后焚烧。此方法对环境安全,一定范围内,可以在短时间快速清除。只能作为权宜之策,不能清除种子,效果不能持久,同时费工费时,代价太高。

2. 化学防治:采用化学除草剂防治。此方法使用方便,效果迅速。在所有防治方法中,化学防治效果最好,但同时也杀灭很多当地的动植物,对水生生态系统破坏也十分严重,目前已经被弃用。

3. 综合防治:天敌的互作;天敌与除草剂互作;生物防治与机械防治的协调配合。

 用途

1. 观赏:叶深绿色有光泽,花序较长,花色艳丽,可供观赏。

2. 绿肥:每 100 kg 鲜草约含有 1.15 kg 硫酸铵、0.44 kg 过磷酸钙、0.23 kg 硫酸钾等,为较好的绿肥。

3. 饲料:凤眼蓝的营养成分丰富,是猪、牛、家禽及鱼类的饲料。